# ACCESOS

# VASCULARES PARA

# HEMODIALISIS:

# LAS FAVIS.4

# INDICE

## 1.- Capítulo quinto : Tratamiento de las complicaciones del acceso vascular.

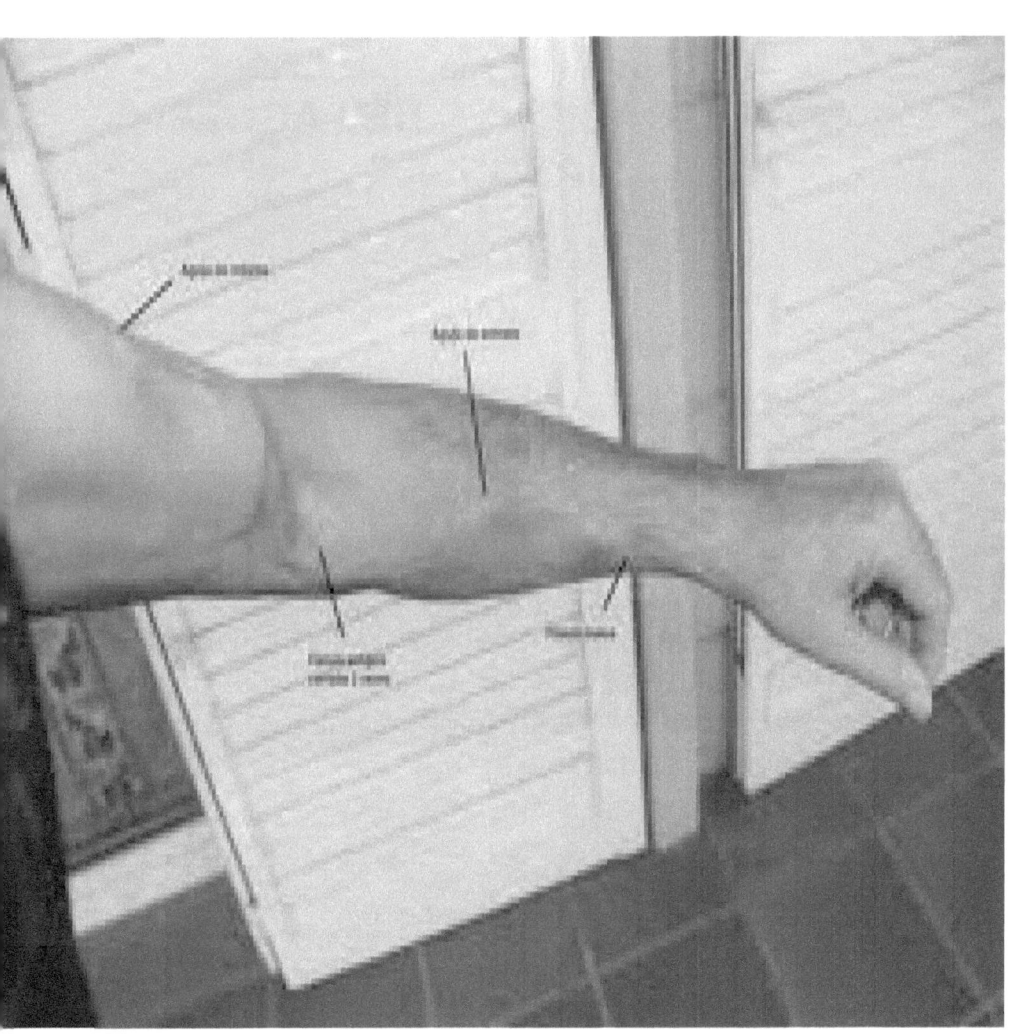

# CAPITULO QUINTO: TRATAMIENTO DE LAS COMPLICACIONES DEL ACCESO VASCULAR

## 5.1.- TRATAMIENTO DE LA ESTENOSIS

## OBJETIVO:

Corregir las estenosis con repercusión hemodinámica en los accesos vasculares con el fin de asegurar un flujo adecuado, prevenir la aparición de trombosis y aumentar la supervivencia del acceso

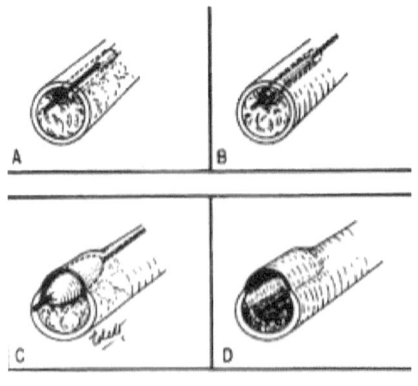
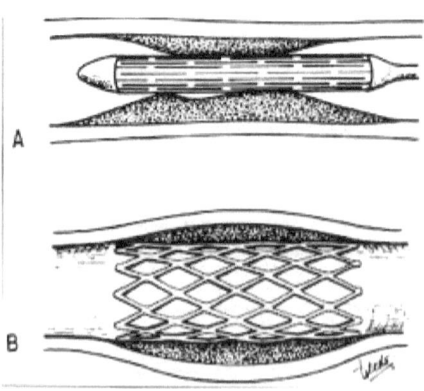

# NORMAS DE ACTUACIÓN

5.1.1.- Debe ser tratada, en ausencia de contraindicación, toda estenosis que suponga una disminución igual o superior al 50% del diámetro del vaso y que haya sido detectada mediante alteración de los parámetros de vigilancia y monitorización del acceso y confirmada con fistulografía. Este tratamiento debe tener una consideración de carácter preferente.
Evidencia B

5.1.2.- Las dos opciones de tratamiento de la estenosis del acceso vascular son:

1- Angioplastia transluminal percutánea (ATP).
2- Revisión quirúrgica.

La elección de la modalidad de tratamiento dependerá del tipo de acceso (prótesis o fístula), localización del acceso y de la estenosis y disponibilidad de los servicios de cirugía vascular o de radiología intervencionista.
Evidencia B

5.1.3.- Se aconseja el uso de la ATP como primera opción de tratamiento de las estenosis en la mayoría de casos con la finalidad de

preservar lo máximo posible el árbol vascular para la creación de futuros accesos.
Evidencia B

5.1.4.- La revisión quirúrgica obtiene mejores resultados a largo plazo en determinadas localizaciones como la anastomosis arteriovenosa o zonas próximas a ella de las fístulas distales o en las estenosis de gran longitud. La revisión quirúrgica también está indicada cuando la ATP no resuelve los problemas hemodinámicos del acceso o ante la recidiva frecuente de la estenosis. El procedimiento quirúrgico dependerá del tipo de acceso, localización de la anastomosis y características del propio paciente.
Evidencia B

5.1.5.- Ante la sospecha de hipertensión venosa en el miembro del acceso vascular, debe realizarse una angiografía para descartar la presencia de una estenosis venosa central y proceder a su corrección.
Evidencia A


# RAZONAMIENTO

El principal argumento de tratar precozmente la estenosis del acceso vascular, además de permitir una adecuada dosis de diálisis, es el disminuir la tasa de trombosis y aumentar la supervivencia del AV. Una adecuada monitorización que detecte precozmente la presencia de estenosis, seguida de una intervención que la resuelva se ha mostrado eficaz en conseguir este objetivo1,2.

Deben ser tratadas todas las estenosis que supongan una reducción superior al 50% del calibre del vaso y que se manifiesten con una alteración de uno o varios de los parámetros utilizados en la monitorización del AV.

Dichas estenosis pueden ser tratadas mediante angioplastia transluminal percutánea con balón o mediante revisión quirúrgica.

La ATP tiene la ventaja de preservar el árbol vascular para nuevas necesidades de acceso así como la posibilidad de realizarse en el mismo acto diagnóstico de la fistulografía. Por ello, determinadas guías como la canadiense, la consideran como la primera opción de tratamiento de las estenosis del acceso vascular3 aunque tiene una mayor tasa de recidivas en comparación con la revisión quirúrgica.

Se considera como éxito anatómico una estenosis residual inferior al 30% tras la retirada del balón y éxito funcional la mejoría de los parámetros hemodinámicos del acceso durante la hemodiálisis tras la intervención. La única contraindicación absoluta de este procedimiento es la infección activa del acceso y se consideran contraindicaciones relativas la alergia al contraste, shunt de la circulación pulmonar hacia la sistémica, enfermedad pulmonar severa, necesidad urgente de diálisis y la contraindicación de trombolisis, si se va a utilizar esta4. Se ha establecido como indicador de los resultados de esta técnica, una permeabilidad primaria del tratamiento a los 6 meses igual o superior al 50%5.

La revisión quirúrgica, aunque ofrece resultados más duraderos, consume parte del árbol vascular por lo que se reserva ante la existencia de contraindicación o fallo de la ATP, estenosis de gran longitud6 y, fundamentalmente, ante la recidiva frecuente o precoz de la estenosis tras la dilatación7. Las técnicas posibles son múltiples y dependen del tipo y localización del acceso8. Como indicador de esta técnica, se considera adecuada una permeabilidad primaria del tratamiento del 50% a los 12 meses5.

En cuanto a la colocación de endoprótesis, puesto que impiden la posibilidad de nuevos accesos en su proximidad y que en prótesis no han demostrado mejores resultados que la ATP aislada9,10, su indicación principal es la de estenosis en venas centrales. En vasos periféricos estarían indicadas en la rotura del vaso en el procedimiento de dilatación o en estenosis elásticas (recidiva de una estenosis superior al 30% al retirar el balón) de fístulas autólogas siempre y cuando no se sitúen en zonas de punción o puedan interferir con una posible reconstrucción proximal o un nuevo AV.

# Indicaciones en función de tipo y localización del acceso

En fístulas radiocefálicas distales, cuando la estenosis se localiza en la propia anastomosis o en la zona yuxtaanastomótica, los resultados de la revisión quirúrgica, con nueva anastomosis más allá de la zona estenótica, son superiores a los de la ATP; con esta última modalidad, la tendencia es a la recidiva11,12. En la zona anastomótica de fístulas braquiocefálicas, la reanastomosis puede ser difícil, siendo preferible la interposición de una prótesis entre la arteria y la rama venosa de la fístula13.

En las estenosis localizadas en las zonas de punción o en la unión de la rama venosa con la vena proximal (p. ej. unión cefalicoaxilar), la primera indicación es la ATP. Sin embargo, las estenosis múltiples o de largo segmento serían indicación de interposición de una prótesis en la zona lesionada14.

En las estenosis de longitud igual o superior a 2 cm, los resultados de la angioplastia son pobres: en un estudio prospectivo sobre 65 pacientes, las fístulas con estenosis de 2 cm o más tratadas con ATP, tenían una permeabilidad cinco veces menor que aquellas con estenosis de menor longitud6. Las alternativas quirúrgicas al tratamiento percutáneo son, en función de la localización de la estenosis, una nueva anastomosis arteriovenosa más proximal o la interposición de un segmento de PTFE15.

Por último, también cabe la intervención sobre fístulas no desarrolladas. En un estudio prospectivo sobre 100 fístulas no desarrolladas a los 3 meses de su realización (49% con estenosis yuxta anastomóticas, 46% con venas accesorias) la angioplastia y/o obliteración de venas accesorias (ligadura o colocación de coil) consiguió la recuperación del acceso en el 72% de los pacientes con estenosis con una permeabilidad primaria del tratamiento del 68% a los 12 meses[16].

En el caso de las prótesis, con la excepción de las estenosis a nivel de la anastomosis arterial, donde la dilatación es difícil, la primera opción de tratamiento de las estenosis debe ser la ATP, dado que en nuestro medio la implantación de una prótesis como AV generalmente se realiza cuando han fracasado previamente múltiples accesos vasculares. La ATP es una actitud más conservadora que la revisión quirúrgica preservando el árbol vascular en pacientes con pocas opciones para futuros accesos. Por otra parte, los resultados de la dilatación en estenosis ya sean a nivel de las zonas de punción como en la zona de anastomosis venosa (85% de los casos), son superponibles a los de la cirugía a largo plazo aunque con un alto número de reintervenciones (permeabilidad primaria del tratamiento del 25% a los 12 meses y asistida del 60% a los 4 años)[17]. No obstante, cuando la recurrencia de la estenosis es frecuente, es conveniente una revisión quirúrgica con interposición de un segmento de PTFE en las estenosis de las zonas de punción o con un bypass a vena proximal en las localizadas en la anastomosis venosa[18].

Como conclusión de lo anterior y puesto que hasta la fecha no existen ensayos randomizados que comparen los resultados de la angioplastia y la cirugía en el tratamiento de las estenosis de los accesos vasculares, la actitud más conservadora es la de utilizar la radiología intervencionista como primera opción, reservando la revisión quirúrgica ante recidiva precoz o frecuente de la disfunción o ante un mal resultado de la angioplastia8,19. La excepción a esta actitud son las estenosis múltiples, de largo segmento (> 2 cm) o yuxtaanastomóticas en las fístulas radiocefálicas distales donde los resultados de la ATP son claramente inferiores a los de la reanastomosis proximal de la fístula11,12.

Sin embargo, pese a los resultados positivos a la hora de resolver la disfunción del acceso e incluso de prevenir la trombosis, la ATP no siempre ha conseguido aumentar su supervivencia de forma generalizada en los estudios realizados tanto en fístulas17 como en prótesis20; aunque, en los trabajos más recientes, si que se observa un aumento de la supervivencia en determinados subgrupos de fístulas21 y prótesis22.

Finalmente, junto a lo comentado anteriormente de forma general, hay que tener en cuenta que la elección de una u otra modalidad de tratamiento (angioplastia versus revisión quirúrgica) dependerá en buena medida de la disponibilidad y motivación de los servicios de radiología intervencionista o de cirugía vascular a los que cada unidad de diálisis tenga acceso.

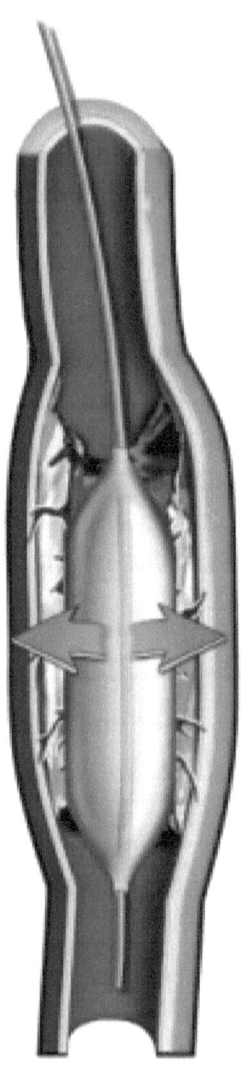

## Estenosis en vasos centrales

La estenosis de la vena subclavia del miembro del acceso vascular puede dar lugar a un cuadro de hipertensión venosa que cursa fundamentalmente con edema refractario y progresivo del miembro, disfunción del acceso y trastornos tróficos de la extremidad. Este cuadro puede aparecer en el 15-20% de los pacientes en hemodiálisis, a menudo con historia previa de manipulación o canalización de la vena subclavia23,24. El diagnóstico definitivo se realiza mediante angiografía puesto que la ecodoppler no puede explorar los tramos más proximales23.

Deben ser tratados todos los casos sintomáticos ya que la tendencia del edema es a la progresión, con aparición de trastornos cutáneos, compresión nerviosa e incluso gangrena de las partes distales. Los resultados de la ATP aislada son pobres25, la colocación de endoprótesis los mejora pero precisando intervenciones repetidas para aumentar la permeabilidad (primaria del tratamiento a los 12 y 24 meses del 25 y 0% respectivamente y asistida del 75 y 57%)26. Hay que prestar especial atención a que la endoprótesis no alcance el ostium de la yugular interna para permitir la posibilidad de catéteres a ese nivel, de la misma forma que una endoprótesis en el tronco braquiocefálico no debe afectar el tronco contralateral ya que en caso contrario se comprometería un futuro acceso vascular en ese miembro.

La cirugía, a través de bypass extraanatómicos que eviten la zona estenosada u obstruida, presenta resultados similares a los obtenidos tras repetidas angioplastias y endoprótesis (80% de los accesos funcionantes a los 12 meses y 60% a los 24 meses)27 sin embargo, supone una intervención compleja por lo que se reserva para pacientes con bajo riesgo quirúrgico.

Por lo tanto, la primera opción terapéutica en la estenosis de subclavia es la angioplastia con endoprótesis (en la primera o en posteriores intervenciones), ante el fracaso de esta técnica o ante la recidiva frecuente con múltiples angioplastias
deberá valorarse el bypass quirúrgico o la ligadura del acceso con nuevo acceso vascular, en función de las características de cada paciente.

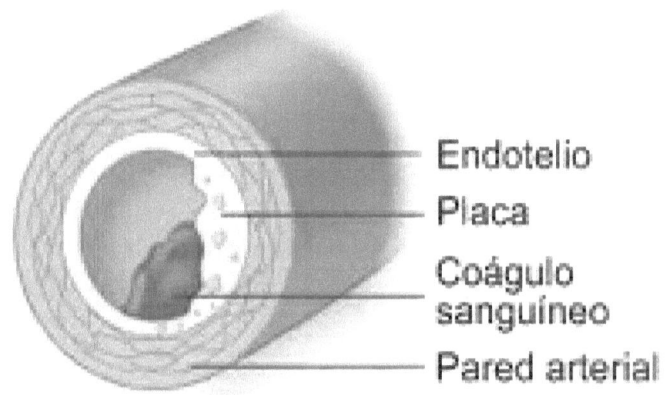

Arteria enferma

## 5.2.- TRATAMIENTO DE LA TROMBOSIS

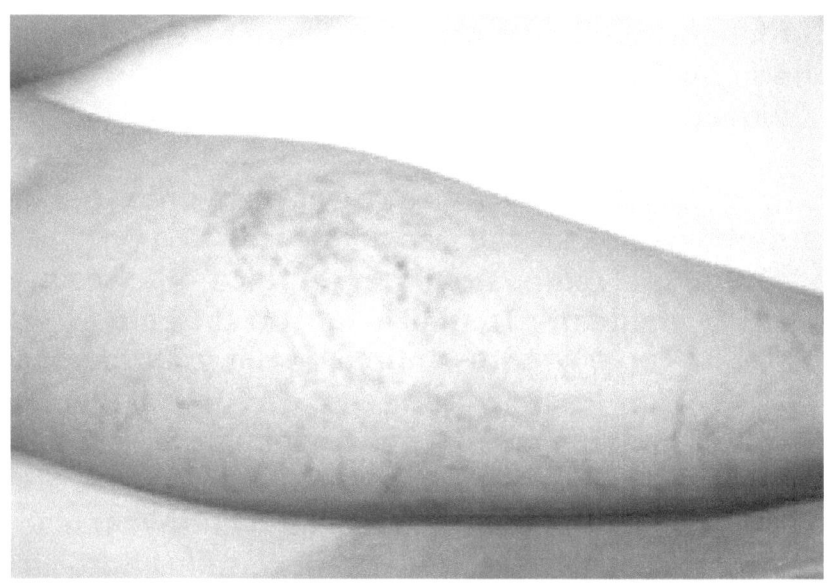

# OBJETIVO:

Reestablecer la permeabilidad del acceso vascular trombosado consiguiendo un flujo adecuado para una hemodiálisis efectiva, detectar las posibles causas subyacentes de trombosis, fundamentalmente estenosis, y proceder a su corrección.

**NORMAS DE ACTUACIÓN**

**5.2.1.- Debe intentarse la repermeabilización de todo acceso vascular trombosado susceptible de recuperación siempre que no exista contraindicación. La trombosis del acceso vascular debe ser considerada como una**

urgencia médica y el procedimiento de rescate debe realizarse de forma inmediata.
Evidencia B

5.2.2.- Las opciones de tratamiento de la trombosis del acceso vascular son:

1- Trombectomía quirúrgica. Se realiza mediante la utilización de un catéter de Fogarty para embolectomía y extracción del trombo a través de una pequeña incisión en el acceso vascular.

2- Trombolisis mecánica o endovascular. Destrucción del trombo utilizando un balón de ATP u otros dispositivos. Puede presentarse embolismo pulmonar como consecuencia de la disrupción del trombo.

3- Trombolisis farmacomecánica. Combinación de las técnicas de trombolisis farmacológica con urokinasa o alteplasa y trombectomía mecánica con balón u otros dispositivos. También puede asociarse a embolismo pulmonar.

La elección de la modalidad de tratamiento deberá basarse en la experiencia de cada centro así como en la disponibilidad de los servicios de cirugía vascular o de radiología intervencionista.
Evidencia B

**5.2.3- Tras la trombectomía o trombolisis ha de realizarse una fistulografía para la detección de posibles estenosis como causa de la trombosis. Las lesiones detectadas serán corregidas mediante ATP o cirugía.**
**Evidencia A**

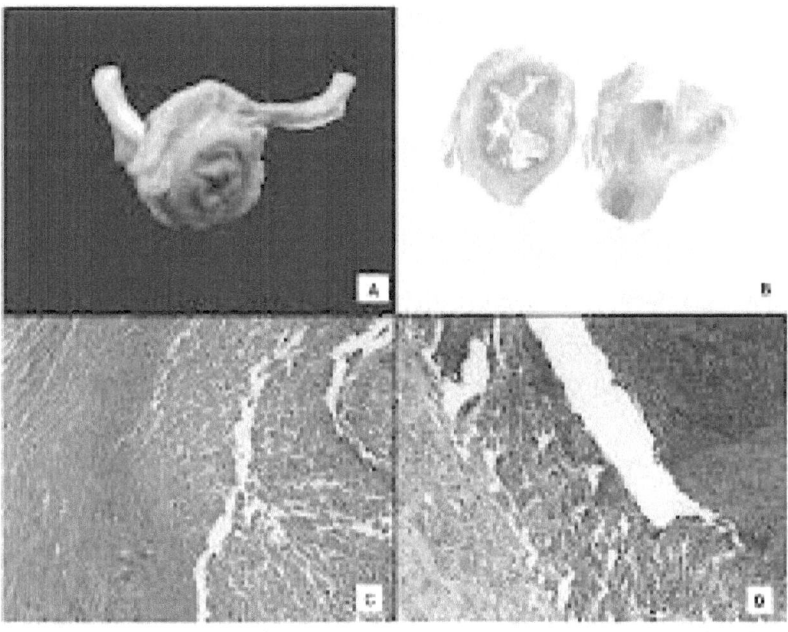

Figura 4. #1 HCM: arteria con polni vasculos como si fuese la afusión dos arteria, vísión de la parte posterior de fistografía que muestra trombosis rellenado de una arteria. C) lesión unitaria y L) lesión unitaria con trombosis vasente, necrosis e infiltrado inflamatorio agudo en la zona.

# RAZONAMIENTO

La trombosis es la principal complicación del acceso vascular. El principal factor predisponente es la presencia de estenosis venosa siendo responsable del 80%-90% de las trombosis28,29. Otras causas de trombosis son las estenosis arteriales y factores no anatómicos como la compresión excesiva del AV tras la hemodiálisis, la hipotensión, niveles elevados de hematocrito, hipovolemia y estados de hipercolagulabilidad30-33.

Dada la trascendencia del AV para la evolución clínica del paciente, la morbilidad asociada a los catéteres centrales y la limitación anatómica para la realización de múltiples accesos, se debe ensayar la recuperación de todos los accesos trombosados salvo que en los casos no recuperables por severo deterioro previo o que exista una contraindicación. La única contraindicación absoluta es la infección activa del acceso. Contraindicaciones relativas son la alergia a contraste yodado (en este caso puede utilizarse gadolinio o $CO_2$ 34-36), una situación clínica inestable o que ponga en peligro la vida del paciente, alteraciones bioquímicas o hidroelectrolíticas que requieran tratamiento con diálisis urgente como edema pulmonar, hiperkaliemia o acidosis metabólica graves; el shunt cardiaco derecha-izquierda y la enfermedad pulmonar grave.

La trombosis del acceso vascular para hemodiálisis debe considerarse como una urgencia terapéutica que precisa solución inmediata. Se deberán establecer las estrategias para tener dicha consideración y en cada centro hacer partícipes a nefrólogos, cirujanos, radiólogos y enfermería para realizar un abordaje multidisciplinar del problema. El rescate urgente del acceso permite, en primer término, evitar la colocación al paciente de un catéter temporal, con la morbilidad que ello supone.

Sin embargo, antes de cualquier procedimiento terapéutico se deberá realizar una valoración clínica del paciente y un estudio analítico que descarten situaciones de potencial riesgo o gravedad (edema pulmonar e hiperkaliemia grave)8. En el caso de que el paciente precise una HD urgente, se procederá a una diálisis vía catéter, demorando el procedimiento de la trombectomía. Esta demora deberá ser menor de 48 horas desde que se produjo la trombosis8,37.

Los trombos se fijan progresivamente a la pared de la vena o de la prótesis de PTFE haciendo la trombectomía mas difícil cuanto mas tarde se intente la desobstrucción.

## Prótesis

Clásicamente se ha utilizado la trombectomía quirúrgica para la trombosis de la prótesis de PTFE, seguida de reparación con bypass con interposición de injerto o con sustitución del segmento estenosado por un nuevo fragmento de PTFE.

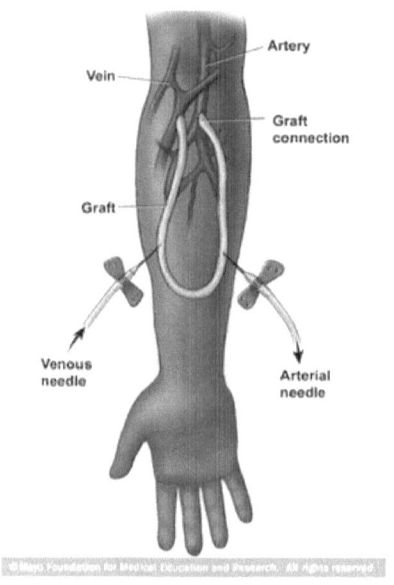

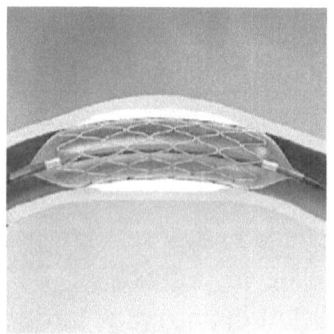

Recientemente, el tratamiento percutáneo de las trombosis del acceso vascular ha permitido una alternativa terapéutica con cada vez más ventajas y mejores resultados. No obstante, la experiencia es un factor fundamental para la obtención de buenos resultados en esta técnica.

Los estudios prospectivos que han comparado la trombectomía quirúrgica con los tratamientos percutáneos no muestran datos concluyentes. En los únicos cinco estudios prospectivos y randomizados publicados en la literatura38-42, las tasas de permeabilidad del acceso vascular han sido similares en ambas técnicas. Tampoco se detectaron diferencias significativas en los costos, excepto en uno de los estudios39, ni en la tasa de complicaciones, excepto en el único estudio que comparó la trombolisis sin trombectomía mecánica versus trombectomía quirúrgica, presentando mayores complicaciones con la trombolisis41. Sin embargo, en el metaanálisis que incluye todos estos estudios, el único publicado hasta la fecha, se observó una ligera superioridad de la trombectomía quirúrgica, ya incluso en la permeabilidad a los 30 días28. Este hecho puede atribuirse a que los ensayos son previos al año 2000, en los que los tratamientos endoluminales suponían novedad y existía cierta falta de experiencia en algunas técnicas. No se han publicado metaanálisis mas recientes que hayan incluido resultados de grupos con larga experiencia. Además, los resultados de estos estudios presentan limitaciones debido a que se incluyeron un número escaso de pacientes (115, 80, 37, 31 y 20 pacientes) con un corto periodo de seguimiento y están influidos por la heterogeneidad de los equipos tanto quirúrgicos como de radiología en experiencia y nivel de dedicación y entusiasmo43.

El tratamiento quirúrgico repara definitivamente la causa de la trombosis, que suele ser una estenosis, pero repetidas intervenciones quirúrgicas suponen una disminución de nuevas posibilidades de accesos vasculares por pérdida de un segmento venoso pequeño para posterior punción. El tratamiento percutáneo permite tratamientos repetidos además de detectar y tratar lesiones estenóticas en el AV y a distancia (centrales) evitando lesiones en venas que pueden preservarse
para futuros accesos vasculares44.

En casos de reoclusión repetida en prótesis de PTFE, la implantación de una endoprótesis no excluye la posibilidad de reestenosis o reoclusión, imposibilitando además una reconstrucción de la prótesis por lo que debería evitarse su uso sistemático. Es más rentable considerar el tratamiento quirúrgico cuando la reestenosis-reoclusión es frecuente o cuando la estenosis es cada vez más larga29.

## Fístula arteriovenosa autóloga

En el caso del tratamiento de la trombosis de la fístula arteriovenosa autóloga, los
resultados obtenidos con los tratamientos quirúrgicos y percutáneos son similares.

No obstante, la falta de estudios randomizados y las diferentes características de cada FAVI obligan a individualizar los tratamientos. Tras una valoración inicial, se debe considerar la posibilidad de la intervención más sencilla (creación de una nueva anastomosis unos centímetros más proximal) en el caso de que la vena esté arterializada, lo que permite la utilización inmediata del AV tras una mínima intervención. En la actualidad, la escasa experiencia publicada con los tratamientos percutáneos en fístulas autólogas muestran unos resultados similares al tratamiento quirúrgico, pero en ellos influye de forma relevante la experiencia, requiriendo una curva de aprendizaje en la que no se pueden aplicar las mismas técnicas que se utilizan en el tratamiento percutáneo de las prótesis45.

La actitud deberá basarse en la experiencia de cada centro. No obstante, la mayor experiencia en el tratamiento quirúrgico y la posibilidad de reparación inmediata en el caso de estenosis de la anastomosis pueden plantear el tratamiento quirúrgico como primera opción en algunas situaciones8,15. Se deberán evaluar los resultados de cada centro y su disponibilidad logística para determinar el tipo de tratamiento a realizar en este tipo de AV.

Los estudios prospectivos y randomizados existentes han analizado tratamientos sobre prótesis y no existen estudios de distintas modalidades de trombectomía que hayan incluido FAV.

### Trombectomía quirúrgica:

Clásicamente la trombosis de la FAVI ha sido tratada quirúrgicamente15,46,47 con catéter de embolectomía, revisión quirúrgica precoz y de sus vasos aferentes y eferentes más evaluación radiológica intraoperatoria para tratar las lesiones subyacentes encontradas. El tratamiento incluye reparación, reconstrucción, creación de nueva anastomosis unos centímetros más proximal, bypass de la zona estenótica o interposición de un segmento de PTFE. Si la trombosis está localizada en la anastomosis de fístulas radiocefálicas y braquiocefálicas, la vena puede estar preservada y se recomienda la creación de una nueva anastomosis, incluso aunque hayan transcurrido varios días29,46.

La trombosis precoz de las FAVI (primeras horas o días) es debida principalmente a problemas técnicos y requiere revisión y tratamiento quirúrgico.

### Trombolisis fármaco-mecánica:

Es menor la experiencia de los tratamientos percutáneos en las FAV, no obstante algunos autores han logrado buenos resultados con tratamiento percutáneo, aunque con una alta tasa de retrombosis en algunas series11,45,48-50. Recientemente se ha comunicado unos resultados con una permeabilidad primaria a los 12 meses del 24% y secundaria del 44%51.

La heterogeneidad de equipos de radiología y cirugía en cuanto a experiencia y dedicación se hace mas evidente cuando se analizan resultados sobre fístulas autólogas, de características muy variables (localización, calidad de los vasos,...), todo ello hace mas difícil la valoración de resultados43.

## Conclusiones

Los resultados de los escasos ensayos randomizados29 que comparen los resultados de tratamiento de la trombosis de la prótesis de PTFE no han mostrado superioridad de alguna de las técnicas de tratamiento sobre las demás. Por ello el
tratamiento se realizará mediante trombectomía quirúrgica, trombolisis mecánica o trombolisis farmacomecánica, siempre con fistulografía y tratamiento de las lesiones de base. La elección de la modalidad de tratamiento deberá basarse en la
experiencia de cada centro.

En el caso de las FAVI no hay estudios randomizados que nos indiquen cual es la estrategia óptima a seguir. La actitud deberá basarse en la experiencia de cada centro.

Las guías actuales3,5,29 sugieren que tanto la trombectomía quirúrgica como la mecánica y farmacomecánica son efectivas para el tratamiento de las trombosis del AV. La elección de cada técnica dependerá de la experiencia y de las disponibilidades logísticas de cada centro, intentando siempre que sea realizada de forma urgente, evitando la inserción de un catéter central, y siempre antes de las 48 horas de producida la trombosis.

Cada centro deberá realizar un seguimiento de sus resultados analizando la permeabilidad de los accesos vasculares desobstruidos. Las tasas de permeabilidad del acceso vascular consideradas como objetivo en las guías internacionales para prótesis de PTFE son3,5:

- Permeabilidad primaria del tratamiento a los tres meses del 40% para trombolisis percutánea.

- Permeabilidad primaria del tratamiento a los seis meses del 50% y 40% a los doce meses para trombectomía quirúrgica.

- En ambas técnicas el éxito técnico o el reestablecimiento del flujo del acceso vascular tras el procedimiento debe ser como mínimo del 85%.

No existen sin embargo indicadores aceptados para las fístulas autólogas dada la menor experiencia en estos casos.

# BIBLIOGRAFÍA

1. Schwab SJ, Raymond JR, Saeed M, Newman GE, Dennis PA, Bollinger RR. Prevention of hemodialysis fistula thrombosis. Early detection of venous stenoses. Kidney Int 1989; 36:707-711

2. Besarab A, Sullivan KL, Ross RP, Moritz MJ. Utility of intra-access pressure monitoring in detecting and correcting venous outlet stenoses prior to thrombosis. Kidney Int 1995; 47: 1364-1373

3. Clinical practice guidelines of the Canadian Society of Nephrology for treatment of patients with chronic renal failure: Clinical practice guidelines for vascular access. J Am Soc Nephrol. 1999; 10: S287-S321

4. Aruny JE, Lewis CA, Cardella JF et al. Society of Interventional Radiology Standards of Practice Committee. Quality improvement guidelines for percutaneous management of the thrombosed or dysfunctional dialysis access. J Vasc Interv Radiol. 2003; 14: S247-53.

5. NKF-K/DOQI Clinical Practice Guidelines for Vascular Access: update 2000. Am J Kidney Dis 2001; 37 (Suppl. 1): S137-S181

6. Clark TW, Hirsch DA, Jindal KJ, Veugelers PJ, LeBlanc J. Outcome and prognostic factors of reestenosis after percutaneous treatment of native hemodialysis fistulas. J Vasc Interv Radiol. 2002; 13: 51-59

7. Kanterman RY, Vesely TM, Pilgram TK, Guy BW, Windus DW, Picus D. Dialysis access grafts: anatomic location of venous stenosis and results of
angioplasty. Radiology. 1995; 195:135-139

8. Guidelines of the Vascular Access Society. [ en línea ] [ fecha de acceso 30 de mayo de 2004] URL http://www.vascularaccesssociety.com/guidelines/

9. Beathard GA. Gianturco self-expanding stent in the treatment of stenosis in dialysis access grafts. Kidney Int. 1993; 43: 872-877

10. Kolakowski S Jr, Dougherty MJ, Calligaro KD. Salvaging prosthetic dialysis fistulas with endoprótesis: forearm versus upper arm grafts. J Vasc Surg. 2003; 38: 719-723

11. Oakes DD, Sherck JP, Cobb LF. Surgical salvage of failed radiocephalic arteriovenous fistulae: Techniques and results in 29 patients. Kidney Int. 1998; 53: 480-487

12. Manninen HI, Kaukanen ET, Ikaheimo R, Karhapaa P, Lahtinen T, Matsi P, Lampainen E. Brachial arterial access: Endovascular treatment of failed Brescia-Cimino hemodialysis fistulas. Initial success and long term results. Radiology. 2001; 218: 711-718

13. Polo JR, Vázquez R, Polo J, Sanabia J, Rueda JA, López Baena JA. Brachicephalic jump graft fistula: An alternative for dialysis use of elbow crease veins. Am J Kidney Dis. 1999; 33: 904-909 14. Mickley V. Stenosis and thrombosis in haemodialysis fistulae and grafts: the surgeon's point of view. Nephrol Dial Transplant. 2004; 19: 309-311

15. Romero A, Polo JR, García Morato E, García Sabrido JL, Quintans A, Ferreiroa JP. Salvage of angioaccess after late thrombosis of radiocephalic fistulas for hemodialysis. Int Surg. 1986; 71: 122-124

16. Beathard GA, Arnold P, Jackson J, Litchfield T. Aggressive treatment of early fistula failure. Kidney Int. 2003; 64: 1487-1494

17. Turmel-Rodrigues L, Pengloan J, Baudin S, Testou D, Abaza M, Dahdah G, Mouton A, Blanchard D. Treatment of stenosis and thrombosis in haemodialysis fistulas and grafts by interventional radiology. Nephrol Dial Transplant. 2000; 15: 2029-2036

18. D Vega Menéndez, JL Polo Melero, A Flores, JA López Baena, R García Pajares, E González Tabares. By-pass a vena proximal para el tratamiento de estenosis venosas en prótesis de politetrafluoroetileno expandido para hemodiálisis. Rev Clin Esp 2000: 200: 64-68

19. Turmel-Rodrigues L. Stenosis and thrombosis in haemodialysis fistulae and grafts: the radiologist's point of view. Nephrol Dial Transplant. 2004; 19: 306-308

20. Lumsden AB, MacDonald MJ, Kikeri D, Cotsonis GA, Harker LA, Martin LG. Prophylactic balloon angioplasty falls to prolong the patency of expanded
polytetrafluoroethylene arteriovenous grafts: results of a prospective randomized study. J Vasc Surg. 1997; 26: 382-390
21. Tessitore N, Lipari G, Poli A, Bedogna V, Baggio E, Loschiavo C, Mansueto G, Lupo A. Can blood flow surveillance and pre-emptive repair of subclinical stenosis prolong the useful life of arteriovenous fistulae? A randomized controlled study. Nephrol Dial Transplant. 2004; 19: 2325-2333

22. Martin LG, MacDonald MJ, Kikeri D, Cotsonis GA, Harker LA, Lumsden AB. Prophylactic angioplasty reduces thrombosis in virgin PTFE arteriovenous dialysis grafts with greater than 50% stenosis: subset analysis of a prospectively randomized study. J Vasc Interv Radiol. 1999; 10: 389-96
23. Neville RF, Abularrage CJ, White PW, Sidawy AN. Venous hypertension associated with arteriovenous hemodialysis access. Semin Vasc Surg. 2004; 17: 50-56
24. Schillinger F, Schillinger D, Montagnac R, Milcent T. Post catherisation vein stenosis in haemodialysis: comparative angiographic study of 50 subclavian and 50 internal jugular accesses. Nephrol Dial Transplant. 1991; 6: 722-724
25. Sprouse LR, Lesar CJ, Meier GH, Parent FN, Demasi RJ, Gayle RG, Marcinzyck MJ, Glickman MH, Shah RM, McEnroe CS, Fogle MA, Stokes GK, Colonna JO. Percutaneous treatment of symptomatic central venous stenosis. J Vasc Surg. 2004; 39: 578-582
26. Verstanding AG, Bloom AI, Sasson T, Haviv YS, Rubinger D. Shortening and migration of Wallstents after stenting of central venous stenosis in hemodialysis patients. Cardiovasc Intervent Radiol. 2003; 26: 58-64
27. Chandler NM, Mistry BM, Garvin PJ. Surgical bypass for subclavian vein occlusion in hemodialysis patients. J Am Coll Surg. 2002; 194: 416-421
28. Green LD, Lee DS, Kucey DS. A metaanalysis comparing surgical thrombectomy, mechanical thrombectomy, and pharmacomechanical thrombolysis for thrombosed dialysis grafts. J Vasc Surg 2002; 36: 939-945
29. Safa AA, Valji K, Roberts AC, Ziegler TW, Hye RJ, Oglevie SB. Detection and treatment of dysfunctional hemodialysis access grafts: effect of a surveillance program on graft patency and the incidence of thrombosis. Radiology 1996; 199: 653-657
30. Fan PY; Schwab SJ. Vascular access: concepts for the 1990s. J Am Soc Nephrol 1992 ;3:1-11

31. Schwab SJ; Harrington JT; Singh A et al. Vascular access for hemodialysis. Kidney Int. 1999 May;55(5):2078-90

32. Besarab A; Bolton WK; Browne JK et al. The effects of normal as compared with low hematocrit values in patients with cardiac disease who are receiving hemodialysis and epoetin. N Engl J Med 1998 ;339:584-90

33. Sands JJ; Nudo SA; Ashford RG; Moore KD; Ortel TL. Antibodies to topical bovine thrombin correlate with access thrombosis. Am J Kidney Dis. 2000 ;35:796-801

34. Bush RL, Lin PH, Bianco CC, Martin LG, Weiss V. Endovascular aortic aneurysm repair in patients with renal dysfunction or severe contrast allergy: utility of imaging modalities without iodinated contrast. J. Ann Vasc Surg. 2002; 16: 537-544

35. Sullivan KL, Bonn J, Shapiro MJ et al. Venography with carbon dioxide as a contrast agent. Cardiovasc Intervent Radiol 1995;18:141-145

36. Albrecht T, Dawson P. Gadolinium-DTPA as X-ray contrast medium in clinical studies. Br J Radiol 2000; 73:878 –882

37. Górriz JL, Martínez-Rodrigo J, Sancho A et al. La trombectomía endoluminal percutánea como tratamiento de la trombosis aguda del acceso vascular: experiencia de 123 procedimientos y resultados a largo plazo. Nefrología 2001; 21: 182-190

38. Schuman R, Rajagopalan PR, Vujic I, Stutley JE. Treatment of thrombosed dialysis access grafts: randomised trial of surgical thrombectomy versus mechanical thrombectomy with the Amplaz device. J Vasc Interv Radiol 1996; 7: 185-192

39. Dougherthy MJ, Calligaro KD, Schindler N, Raviola CA, Ntoso Adu. Endovascular versus surgical treatment for thrombosed hemodialysis grafts: A prospective, randomised study. J Vasc Surg 1999; 30: 1016-1023

40. Martson WA, Criado E, Jacques PF, Mauro MA, Burnham SJ, Keagy BA. Prospective randomized comparison of surgical versus endovascular management of thrombosed dialysis access grafts. J Vasc Surg 1997; 26: 373-381

41. Vesely TM, Idso MC, Audrain J, Windus DW, Lowell JA. Thrombolysis versus surgical thrombectomy for the treatment of dialysis graft thrombosis: pilot study comparing costs. J Vasc Interv Radiol. 1996; 7: 507-12

42. Uflacker R, Rajagopalan PR, Vujic I, Stutley JE. Treatment of thrombosed dialysis access grafts: Randomized trial of surgical thrombectomy versus mechanical thrombectomy with the Amplaz device. J Vasc Interv Radiol 1996; 7: 185-192

43. Konner K. Interventional strategies for hemodialysis fistulae and grafts: interventional radiology or surgery? Nephrol Dial Transplant 2000; 15: 1922-1923

44. Beathard GA. Percutaneous therapy of vascular access dysfunction: Optimal management of access and thrombosis. Semin Dial 1994; 7: 165-167

45. Turmel-Rodrigues L, Pengloan J, Rodriges H et al. Treatment of failed native arteriovenous fistulae for hemodialysis by interventional radiology. Kidney Int 2000; 57: 1124-1140.

46. Silicott GR, Vannix RS, De Palma JR. Repair versus new arteriovenous fistula. Trans Am Soc Artif Organs 1980; 26: 99

47. Bone GE, Pomajzl MJ. Management of dialysis fistula thrombosis. Am J Surg. 1979; 138: 901

48. Vorwerk D, Schurmann K, Muller-Leisse C, Adam G, Bucker A, Sohn M, Kierdorf H, Gunther RW. Hydrodynamic thrombectomy of haemodialysis grafts and fistulae: results of 51 procedures. Nephrol Dial Transplant. 1996;11: 1058-1064

49. Firat A, Aytekin C, Boyvat F, Emiroglu R, Haberal M. Percutaneous mechanical thrombectomy with arrow-trerotola device in patients with thrombosed graft fistula. Tani Girisim Radiol. 2003; 9: 371-376

50. Overbosch EH, Pattynama PM, Aarts HJ, Schultze Kool LJ, Hermans J, Reekers JA.. Occluded hemodialysis shunts: Dutch multicenter experience with the percutaneous transluminal angioplasty. Radiology 1996; 201: 485-488 51. Rajan DK, Clark TWI, Simons ME., Kachura JR, Siniderman K. Procedural success and patency after percutaneous treatment of thrombosed autogenous dialysis fistulas. J Vasc Interv Radiol. 2002; 13: 1211-1218 52. Canaud B, Kessler M, Pedrini MT, Tattersall JE, ter Wee PM, Vanholder R et al. European Best Practice Guidelines: Dialysis. Nephrol Dial Transplant 2002. Suppl 7.

53. Kovalik EC, Raymond JR, Albers FJ, Berkoben M, Butterly DW, Montella B et al. A clustering of epidural abscesses in chronic hemodialysis patients: risk of salvaging access catheters in cases of infection. J Am Soc Nephrol 1996; 7: 2264-2267.

54. Fong IW, Capellan JM, Simbul M, Angel J. Infection of arterio-venous fistulas created for chronic haemodialysis. Scand J Infect Dis 1993; 25: 215-220.

55. Nassar GM, Ayus JC. Infectious complications of the hemodialysis access. Kidney Int 2001; 60: 1-13.

56. Raju S. PTFE grafts for hemodialysis access. Techniques for insertion and management of complications. Ann Surg 1987; 206: 666-673.

57. Cheng BC, Cheng KK, Lai ST, Yu TJ, Kuo SM, Weng Zc et al. Long term result of PTFE graft for hemodialytic vascular access. J Surg Assoc ROC 1992; 25: 1070-1076.

58. Bhat DJ, Tellis VA, Kohlberg WI, Driscoll B, Veith FJ. Management of sepsis involving expanded polytetrafluoroethylene grafts for hemodialysis access. Surgery 1980; 87: 445-450.

59. Taylor B, Sigley RD, May KJ. Fate of infected and eroded hemodialysis grafts and autogenous fistulas. Am J Surg 1993; 165: 632-636.

60. Schwab DP, Taylor SM, Cull DL, Langan EM III, Snyder BA, Sullivan TM et al. Isolated arteriovenous dialysis access graft segment infection: the results of
segmental bypass and partial graft excision. Ann Vasc Surg 2000; 14: 63-66.

61. Padberg FT, Jr., Lee BC, Curl GR. Hemoaccess site infection. Surg Gynecol Obstet 1992; 174: 103-108.

62. Gelabert HA, Freischlag JA. Hemodialysis access. En: Rutherford RB Ed.: Vascular Surgery (5th Ed). WB Saunders Co. Philadelphia 2000: pg 1466-77

63. Schanzer H, Eisenberg D. Management of steal syndrome resulting from dialysis access. Seminars Vasc Surg. 2004; 1: 45-49

64. Wixon CL, Hughes JD, Mills JL. Understanding strategies for the treatment of ischemic steal syndrome after hemodialysis access. J Am Coll Surg. 2000; 191: 301-310

65. Mackrell PJ, Cull DL, Carsten III ChG. Hemodialysis access: Placement and management of complications. En: Hallet JW Jr, Mills JL, Earnshaw JJ, Reekers JA. Eds.: *Comprehensive Vascular and Endovascular Surgery*. Mosby-Elsevier ld. St. Louis (Miss). 2004: pg 361-90

66. Lin PH, Bush RL, Chen CH, Lumsden AB. What is new in the preoperative evaluation of arteriovenous access operation? Seminars Vasc Surg 2004 (vol 17);1: 57- 63

67. Haimov M. Vascular access for hemodialysis. Surg Gynecol Obstet. 1975 141:619-625

68. Knox RC, Berman SS, Hughes JD et al. Distal revascularization-interval ligation: A durable and effective treatment for ischemic steal syndrome after
hemodialysis access. J Vasc Surg. 2002; 36: 250-256

69. López-Baena JA, Vega D, Polo J, García Pajares R, Echenagusia A. Aneurisma verdadero de la arteria braquial relacionado con acceso vascular en el pliegue del codo. Patología Vascular 2000; 7: 489-492.

70. Hale PC, Linsell J, Taylor PR. Axillary aneurysm: an unusual complication of hemodialysis. Eur J Vasc Surg 1994; 8: 101-103.

71. Eugster T, Wigger P, Bölter S, Bock A, Hodel K, Stierli P. Brachial artery dilatation after arteriovenous fistulae in patients after renal

transplantation. A ten-year follow-up with ultrasound scan. J Vasc Surg 2003; 37: 564-567.

72. Maynar M, Sanchez Alvarez E, Quian Z, Lopez Benitez R, Long D, Zerolo I. Percutaneous endovascular treatment of brachial artery aneurysm. EJVES 2003; 6:15-19.

73. Witz M, Werner M, Bernheim J, Shnaker A, Lehmann J, Korzets Z. Ultrasound guided compression repair of pseudo aneurysms complicating a forearm dialysis arteriovenous fistula. Nephrol Dial Transplant. 2000; 15: 1453-1454.

74. Hakim NS, Romagnoli J, Contis JC, Akouh J, Papalois VE. Refashioning of an aneurysmatic arterio-venous fistula by using the multifire GIA 60 surgical stapler. Int Surg 1997; 82: 376-377.

75. Najibi S, Bush RL, Terramani TT et al. Covered stent exclusion of dialysis access pseudoaneurysms. J Surg Research. 2002; 106: 15-19.

76. Hausegger KA, Tiessenhausen K, Klipfinger M, Raith J, Hauser H, Tauss J. Aneurysms of hemodialysis access grafts: treatment with covered stents: a report of three cases. Cardiovasc Intervent Radiol 1998; 21: 334-337.

77. Tzanakis I, Hatziathanassiou A, Kagia S, Papadaki A, Karephyllakis N, Kallivretakis N. Banding of an overfunctioning fistula with a prosthetic graft segment. Nephron. 1999; 81: 351-352.

78. Young PR, Rohr MS, Marterre WF. High-output cardiac failure secondary to a brachiocephalic arteriovenous hemodialysis fistula: two cases. Am Surg. 1998; 64: 239-241.

79. Mercadal L, Challier E, Cluzel Ph, et al. Detection of vascular access stenosis by measurement of access blood flow from ionic dialysance. Blood Purif.
2001; 20: 177-181.

80. May RE, Himmelfarb J, Yenicesu M, et al. Predictive measures of vascular access thrombosis: a prospective study. Kidney Int. 1997; 52: 1656-1662.

81. Hoeben H, Abu-Alfa AK, Reilly R, Aruny JE, Bouman K, Perazella MA. Vascular access surveillance: Evaluation of combining dynamic venous pressure and vascular access blood flow measurements. Am J Nephrol. 2003; 23: 403-408.

82. Barril G, Besada E, Cirugeda A, Perpen AF, Selgas. Hemodialysis vascular assesment by an ultrasound dilution method (transonic) in patient older than 65 years. Int Urol Nephrol. 2001; 32: 459-462.

83. Bourquelot PD, Corbi P, Cussenot O. Surgical improvement of high-flow arteriovenous fistulas. In Sommer BG, Henry ML. Vascular Access for Hemodialysis. WL Gore & Associates Inc, Pluribus Press Inc. 1989, pp 124-130.

84. Van Duijnhoven ECM, Cherieux ECM, Tordoir JHM, Kooman JP, van Hoff JP. Effect of closure of the arteriovenous fistula on left ventricular dimension in renal transplants patients. Nephrol Dial Transplant. 2001; 16: 368-372.